AF585789

CATALOGUE

D'UNE JOLIE COLLECTION

DE TABLEAUX

ORIGINAUX,

Anciens et Modernes,

PROVENANT DU CABINET D'UN AMATEUR DE PROVINCE,

Dont la Vente aura lieu

Les Mercredi 22 et Jeudi 23 Décembre courant,

Hôtel des Commissaires-Priseurs,

Place de la Bourse, N° 2,

Salle N. 1.

Par le ministère de Me L. MICHON, Commissaire-Priseur, rue Vivienne, 15;

Assisté de Me LEFEBVRE, Expert, rue Richer, 38

EXPOSITION PUBLIQUE

Le 22, depuis 10 heures jusqu'à une heure

La Vente commencera le 22, à une heure, et continuera le 23.

1841.

CATALOGUE.

---

1 VAN-HOECK. Une Sainte Famille ravissante, d'un des plus habiles élèves de Rubens, dont les tableaux, d'une qualité aussi parfaite, sont très rares.

2 DIETRICY. Le Repos de la Caravane : ce tableau, fait dans la manière de Berghem, et où il a développé beaucoup de talent, sera remarqué.

3 SNEILINGS. L'Enfant prodigue, chez des Courtisans : ce tableau se recommande tant par sa rareté que par son mérite réel.

4 CORNEIL-POELEMBOURG. Un beau

Paysage : Vue de la Campagne de Rome. Contre son ordinaire, le peintre l'a orné de jolies figures drapées.

5 VEYROTTER. A la fin d'une Soirée d'été, des Paysans réunis près d'une Chaumière, s'y divertissent : très agréable tableau.

6 HENRY-ROOS. Un des Tableaux capitaux et des plus soigneusement exécutés de cet habile peintre.

7 CARLO-SIGNANI. Une ravissante Tête de Vierge.

8 LENAIN. Les petits Musiciens et Danseurs ambulans : tableau gai et dont la composition est des plus agréables.

9 DEHÈRE. Paysage où le peintre a intercalé plusieurs groupes de figures devant une auberge indiquant le Dîner des Voyageurs.

10 PETERNEFF. Intérieur d'Eglise orné de jolies figures : tableau bien conservé.

11 PIERRE-GYSEN. Gibiers morts, au pied d'un arbre : tableau extrêmement fin.

12 VANDER-LAENEN. Intérieur d'Appartement où se trouvent réunis plusieurs ca-

valiers et deux dames jouant au tric-trac : tableau très brillant d'effet et d'une composition agréable.

13 JEAN-WOUVERMANS. Un Cavalier, monté sur un cheval blanc, regarde défiler une troupe nombreuse de Fantassins : ce tableau est d'une bonne qualité.

14 D. TÉNIERS. Des Singes : ce tableau, qui a de l'analogie avec un plus petit, vendu à la vente Péregaux, et qui, nous n'en doutons pas, est bien de la même main, sera remarqué des amateurs.

15 PARMESAN. La Vierge enlevée au ciel par des anges : tableau d'un très grand caractère.

16 KÉRINGS-VANBALEN et VAN KESSEL. Les quatre Elémens : tableau de la plus riche composition.

17 PRUD'HON. Tableau allégorique, représentant la Terre avec les Attributs de la Vérité, de la Force, de la Bonté et de la Fécondité : ce tableau, qui est original, est de son premier temps.

18 RUTHARTS. Chasse à l'Ours : peu connu en France, et d'un mérite supérieur.

19 DROLING. Deux charmans petits Tableaux intérieurs, représentant des Scènes de la Vie privée.

20 MIGNARD. Une Sainte : tableau d'une rare finesse.

21 BRUANDET. Intérieur du Bois-de-Boulogne, orné de jolies figures par M. Demay : ce tableau peut être placé à côté des plus beaux paysages hollandais.

22 DEMARNE. Le Médecin aux Urines : ce tableau, l'un des plus parfaits de ce maître, est cité avantageusement dans sa vie.

24 EVERDINGEN. Site rocailleux, avec Chûte d'eau ; quelques figures ornent ce bon tableau.

24 CLAIR (DES GOBLINS). Très beau Paysage coupé par une rivière qui vient arroser les premiers plans, où des jeunes filles prenant le bain, sont surprises par des jeunes gens.

25 SWEBACH (PÈRE). Marche d'un Convoi militaire escorté par des cavaliers.

26 BARENT-GAEL. Paysage boisé, au milieu duquel est un chemin frappé des rayons du soleil ; un cavalier demande son chemin

à une jeune fille ; à côté, un voyageur se repose : ce tableau a tout l'effet d'un joli Ruysdaël.

27 XAVÉRY. Paysage surmonté à gauche d'énormes rochers au bas desquels est une mare bordée par un chemin, où deux jeunes villageoises et un pâtre conduisent un troupeau de bestiaux : ce tableau rappelle les bons ouvrages de Berghem.

28 EVERCAMP. Ce tableau, qui représente un canal glacé, couvert de patineurs, ne laisse rien à désirer pour la richesse de la composition, ni pour la science du pinceau ; en un mot, il est digne de figurer à côté d'un chef-d'œuvre de Vander Neer.

29 HUYSMANS (DE MALINES). Un très joli Paysage d'une couleur vigoureuse et transparente, et d'un effet sévère, comme ceux de ce grand maître.

30 NIEULANT. Tableau très capital de ce maître, représentant une grande partie des monumens de Rome.

31 SENAVE. Deux charmans petits Tableaux allégoriques, très piquans d'effet.

32 KÉRINGS, VANDALEN et VAN-KES-

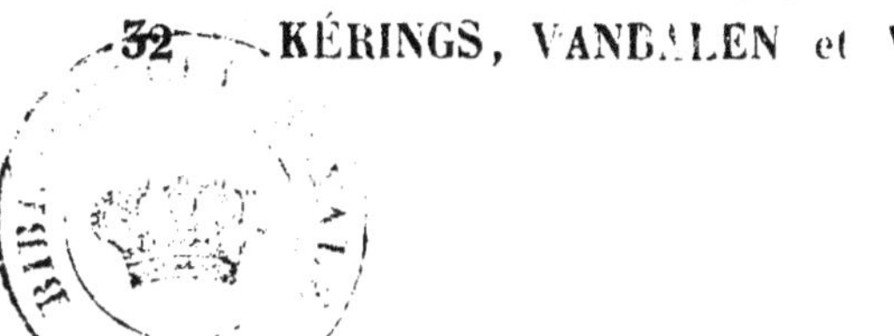

SEL. L'Automne sous les traits d'une jeune Fille environnée de Satyres et de petits Génies : très bon tableau.

33 BRAUWER. Un Joueur de Violon écouté par des paysans : tableau d'une bonne facture.

34 DIÉTRICY. La Tentation de Saint Antoine : genre de Téniers, peint avec talent.

35 STELLA. Une très jolie copie faite d'après un tableau de Raphaël.

36 TÉNIERS (PÈRE). Un joli petit Paysage, avec figures.

37 VAN-STÉEL. Charmant Paysage d'une nature vraie : ce tableau a beaucoup d'analogie avec David Téniers.

38 THÉOLON. Deux Paysages avec jolies figures.

39 BRUANDET. Intérieur de Forêt : sur le devant, un cavalier demande son chemin à un paysan : très bon tableau.

40 HONDE-KOETER. Un Combat de Coqs, dans l'intérieur d'une basse-cour : la nature n'est pas plus vraie.

41 DEMARNE. Un très joli Paysage de son meilleur temps.

42 GÉRARD-HOET. Bacchus surprenant Ariane au moment où Thésée vient de l'abandonner : ce petit sujet est rendu avec toute la finesse possible.

43 BILCOQ. Le Médecin aux Urines : petit intérieur dans le genre de Pitre de Hoog.

44 SKALKEN. Un jeune Homme tenant d'une main une chandelle, et de l'autre un verre : la finesse et le beau coloris seront remarqués des amateurs.

45 OSTADE Des Joueurs : les figures extrêmement bien touchées et la composition recommandent ce bon tableau.

46 AGNÈS-DOLCI. Ce tableau, extrêmement simple d'aspect, présente néanmoins une grande sévérité de dessin, et une harmonie parfaite.

47 DEWET. L'Ange exterminant l'armée de Sennacherib : tableau magique d'effet.

48 MICHEL-CARRÉ. Un jeune Pâtre gardant un Taureau.

49 MURILLO. Assomption : tableau bien conservé.

50 TENIERS (PÈRE). Un Philosophe dans un fauteuil : peint vigoureusement.

51 MONPRÉ. Paysage du beau faire de ce maître.

52 HOLBEIN. Portrait peint avec un rare mérite.

53 PIETRE DE CORTONNE. La Vierge et l'Enfant Jésus : très bon tableau.

54 BONINGTON. Marine : Vue de Dunkerque; rendue avec beaucoup de vérité.

55 DEMAY. Deux charmans Tableaux représentant une Chasse aux Faucons et une Partie d'Eau : Ces tableaux très riches de composition, ne laissent rien à désirer.

56 HENRY DELAROCHE. Très joli Paysage avec animaux : touché avec talent.

57 EDOUARD SWEBACK (FILS). Cavaliers faisant franchir des barrières à leurs chevaux : charmant tableau.

58 JACQUAND. Un Chevalier et un Ermite :

tableau d'un beau faire qui sera remarqué.

59 DÉVÉRIA. Sujet tiré de la Prison d'Edimbourg de Walter Scott : d'un très beau coloris.

60 DUVAL. Pâtre gardant des bestiaux : tableau d'un rare mérite.

61 PIGAL. Le Roi des Rois : ce tableau a fait partie de l'exposition, au Musée de Paris.

62 DEMAY. Fête aux environs de Paris : la nature vivante, dans ce charmant tableau, le fera remarquer des amateurs, comme à la dernière exposition du Musée dont il faisait partie.

63 EDOUARD PINGRET. Voltaire apportant des vers à la Pompadour : très joli tableau.

64 MALBRANCHE. Un effet de Neige, d'après nature, du meilleur temps de ce maître.

65 CHAILLY. Deux charmans Paysages faisant pendans, ornés de jolies figures.

66 LONGUET. L'Amateur de Tableaux et

d'Antiquités, dans son cabinet : tableau d'un très beau coloris et parfait d'exécution.

67 EDOUARD PINGRET. Louis XIV faisant voir Molière à sa table à ses courtisans, et Louis écoutant la lecture de la tragédie de Racine, devant Mme de Maintenon.

Ces tableaux, rendus avec tout le talent de ce maître, seront remarqués.

68 LONGUET. Une Promenade à cheval des gens de la cour, sous Louis XIII : tableau bien composé.

69 HONORINE (Mlle). Deux très jolis Fixés, dans le genre de Watelet, ayant fait partie de l'exposition du Musée de Paris.

70 BONINGTON. Une Etude de ce maître, faite avec esprit.

71 CHAILLY. Deux Episodes du Mont-St-Bernard, sous la République.

72 TESTÉ (de Nantes). Un Homme tenant un portrait qu'il porte à son col, et une femme assise : charmant petit tableau.

73 MARLET. Les baigneuses, joli paysa-

ge : plusieurs jeunes filles prennent le bain ; tableau très grâcieux.

74 (DU MÊME). Le Bain : une jeune femme sort du bain ; tableau remarquable par son exécution et la correction du dessin.

75 WATMUCH. Vue d'Algérie : ce tableau, remarquable par son exécution, a été peint d'après nature, pendant le voyage de M. Watmuch, en Afrique.

76 DE GRAILLY. Deux Paysages remplis d'harmonie.

77 ENOCKAERT. Paysage avec animaux ; tableau extrêmement fin.

78 DE GRAILLY. Deux charmans Paysages d'après le genre de Claude Lorrain.

79 MALBRANCHE. Un Canal, d'après nature : ce tableau est un des meilleurs de ce maître.

80 LEMONNIER, Deux Paysages avec animaux : très jolis de composition.

81 CHAILLY. Deux charmans petits Paysages chauds de ton, peints avec talent.

82 BUDELET et DEMAY. Deux Paysages du meilleur temps de ce maître.

83 COURTOIS. Un Paysage avec marche de bestiaux.

84 Sous ce dernier numéro, il sera vendu quelques bons tableaux.

Au comptant.

5 *p.* 100 *en sus des enchères.*

Imprimerie de madame De Lacombe, rue d'Enghien, 12.

www.ingramcontent.com/pod-product-compliance
Lightning Source LLC
LaVergne TN
LVHW012017170826
845678LV00004BA/1533

* 9 7 8 2 3 2 9 6 1 9 4 9 1 *